1848-1868

CONSIDÉRATIONS POLITIQUES RÉTROSPECTIVES

Sur les suites du rejet de l'Amendement Grévy
et l'Adoption de l'Élection présidentielle par le pays

A M. JULES GRÉVY

ANCIEN REPRÉSENTANT DU JURA AUX ASSEMBLÉES DE 1848 ET 1849

VICE-PRÉSIDENT DE L'ASSEMBLÉE NATIONALE

BATONNIER DE L'ORDRE DES AVOCATS DE PARIS

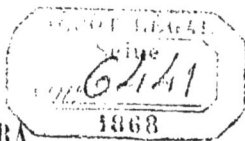

AUX ÉLECTEURS DU JURA

LE 16 AOUT

ET

LE SEPT OCTOBRE 1848

CONSIDÉRATIONS POLITIQUES

Sur les suites du rejet de l'Amendement Grévy et l'Adoption de l'Élection présidentielle par le pays

PAR

M. BAUME

Il faut toujours que la souveraineté nationale soit garantie.

Sans de semblables lois, la souveraineté nationale n'est qu'un vain mot que les gouvernants emploient pour tromper les crédules, que les gouvernés timides répètent pour apaiser leur conscience, qui leur disait de bâtir sur de larges bases les institutions de la patrie.

PARIS

Dépôt chez **MARTINON**, Libraire | Aux Bureaux du journal **LA RÉFORME**
14, rue de Grenelle-Saint-Honoré.   30, rue Thévenot.

ET CHEZ TOUS LES LIBRAIRES

—

1868

A LA MÉMOIRE

DE

M. EDMOND BAUME (DU VAR)

AVOCAT AU BARREAU DE PARIS

REPRÉSENTANT DU PEUPLE A LA CONSTITUANTE DE 1848

LE 16 AOUT 1868

ET

LE SEPT OCTOBRE 1848

———————————

Il s'est rencontré, dans ces années passées, un homme assez imprudent pour revendiquer dans ses écrits, avec une persistance qui faisait croire à un profond amour de la liberté, les droits d'un peuple libre à modifier ses institutions dans le sens le plus radical, sans tenir compte des faits accomplis et de l'acquiescement de ce peuple à un état de choses monarchique.

Cet homme, dans une de ses œuvres, qui n'est pas le document le moins curieux pour l'histoire de notre siècle, ne craignait pas d'avancer cette théorie républicaine dont l'extrait suivant ne manquera pas de causer quelque surprise à plus d'un des soutiens du gouvernement personnel actuel :

« Le premier avantage du projet du Pacte suisse est la » loi fondamentale qui fixe à douze années l'époque de la » révision du Pacte fédéral.

» Voici en effet la souveraineté nationale garantie, et, sans
» de semblables lois, cette souveraineté sacrée n'est plus
» qu'un vain mot, que les gouvernants n'emploient que
» pour tromper les crédules, que les gouvernés timides
» répètent pour apaiser leur conscience, qui leur disait de
» bâtir sur de larges bases les institutions de la patrie.

» Dans le sénatus-consulte de l'an XII, qui établit les
» devoirs de la famille Bonaparte envers le peuple fran-
» çais, ce principe était reconnu, car au bout d'un certain
» temps l'obligation d'un appel au peuple était consa-
» crée. »

(*OEuvres de Napoléon III. T. II. Edit. Plon*).

Il était donc bien vrai que vous vouliez une garantie efficace de la souveraineté nationale, ô penseur impérial! Il
était donc bien vrai que vous redoutiez pour vos concitoyens
cette stabilité fondamentale dans le pouvoir gouvernant!

Mais les temps ont changé; les situations se sont modi-
fiées, et ce qui était vrai hier doit être faux aujourd'hui.

C'est après de telles théories qu'on invoque la raison
pour changer de conduite. On veut sauver la patrie en
danger!...

Si du moins ces importuns sauveurs rachetaient leurs
actes, qui les transforment subitement, en se faisant les
auxiliaires des défenseurs de la liberté et de la prospérité
nationale!

Mais, est-ce là ce qui arrive dans la pratique? Combien

d'exemples avons-nous de félicités obtenues contre notre gré ?

Avons-nous lieu de nous glorifier d'un 18 brumaire ; de ces traités de 1815 ; de ces chartes aussitôt violées que jurées ; de tant de serments foulés aux pieds ? Comme on l'a vu, on avait raison de faire valoir de justes répugnances contre un retour à de tels actes dictatoriaux.

Néanmoins « ces timides gouvernés » comme le dit l'auteur des lignes citées plus haut, firent taire leur conscience qui leur disait de « bâtir sur de larges bases les institutions » de la patrie. »

Après avoir accompli des actes héroïques pour reconquérir l'indépendance nationale, ils abdiquèrent devant les promesses d'un législateur improvisé.

Les votes du 10 décembre appelèrent au pouvoir le prince Louis-Napoléon, et, dès ce jour, « les bons se rassurent et les méchants tremblent, » suivant la parole impériale.

On nous a dit que l'enivrement était général que chacun répétait à l'envi que le temps des révolutions était passé, qu'une nouvelle ère de prospérité et de liberté allait être donnée à la France.

La confiance fut universelle, paraît-il; le doute n'était plus que dans les esprits de quelques *entêtés*.

Mais la gloire a toujours été fatale aux ambitieux, et nous étions appelés à voir se renouveler les scènes de la

Rome antique. Un _impérator_ s'offrait entouré de cette auréole napoléonienne qui avait déjà électrisé, puis énervé, cinquante ans auparavant, le pays. Une fois sur la pente de l'enivrement, les peuples en arrivent à un paroxysme qui les rend fous furieux ou les abêtissent.

On allait donc commencer cette odyssée qui devait par la suite être si contraire à la prospérité intérieure de la France et à sa grandeur à l'extérieur. Grâce au régime précédent, celui qui venait d'être décoré du titre d'Empereur des Français, le nouveau chef d'État arrivait au pouvoir avec une situation relativement prospère.

La République de 1848 avait eu une situation financière embarrassée, mais sa liquidation s'était opérée quoique difficilement. Le second Empire n'héritait d'aucune charge.

C'est alors qu'un essor incroyable fut donné à toutes les branches de la production.

La révolution de Juillet avait déjà procuré au gouvernement de Louis-Philippe les avantages que la confiance renaissante avait apportés dans toutes les branches du commerce.

On était appelé, en 1852, à voir un mouvement bien plus puissant dans l'affluence de la production et de la consommation, la richesse publique augmentant de jour en jour. Mais cette prospérité ne devait pas être de longue durée.

Les besoins de l'empire nouveau étaient insatiables; il fallait émerveiller la nation. Puisqu'on ne pouvait, à l'instar du premier Empire, gratifier le pays de victoires d'Austerlitz et de Wagram, il fallait l'enchanter par une révolution complète dans les finances et par une réorganisation dans les municipalités et l'administration publique.

Mais ce système à outrance ne pouvait rien produire de bon.

Le progrès est plus lent dans sa marche ; celui qui apporte la richesse et qui accroît le produit des impôts sans pressurer les individus est moins hâtif, moins fiévreux. Aussi il devait fatalement arriver qu'on aurait recours bientôt à des procédés encore inconnus jusqu'à ce jour.

La spéculation commença à régner en maîtresse, la production fut détournée de son cours, on exploita au profit d'intérêts cupides et personnels, la bonne foi et l'insouciance populaires. Ce mouvement vertigineux avait quelque chose de ressemblant avec la prospérité ; ce va et vient des capitaux, ces demandes nombreuses sur les marchés émerveillaient jusqu'au commerçant le plus habile. Que fût-ce, quand les travaux publics furent décrétés !

La fortune de la France était désormais à son apogée, ne cessaient de répéter les officieux et les flatteurs accourus en masse. On savait bien dans les hautes régions qu'on escomptait l'avenir, mais l'avenir, n'est-ce pas bientôt le présent, et un autre avenir ne lui succède-t-il pas toujours ?.......

On oubliait que les besoins sont d'autant plus ardents que les appétits sont plus stimulés.

Mais bientôt il fallut régler. Aussi ne fut-on pas peu

surpris de l'état que la liquidation commencée et qui n'est pas près de finir, étalait aux yeux des convulsionnaires ébahis.

Les grandes machines qui avaient poussé à la consommation s'écroulaient les unes sur les autres, emportant dans leur chute l'épargne trop confiante.

La guerre ne nous donnait pas de gloire et augmentait la dette. Aussi en sommes-nous arrivés aujourd'hui à reconnaître que plus de 5 milliards ont passé la mer ou les Alpes, et qu'en échange il ne nous reste que Rome et les obligations mexicaines : et ce gouffre se creuse de plus en plus.

Les grandes villes ont leur part de ces malheurs ; leurs dettes flottantes sont énormes, leurs ressources futures épuisées. Les campagnes.... ah ! les campagnes, commencent-elles à savoir ce qu'elles payeront à leur tour ; déjà la nouvelle organisation militaire leur enlève tous les bras de vingt ans, et cela est si vrai qu'un document officiel nous a appris récemment que dans un canton de la Seine-Inférieure il manqua un homme valide pour compléter le contingent.

En un mot, la dette flottante atteint aujourd'hui le chiffre de près de 1 milliard, et nous devons en outre plus de 280 millions aux communes, près de 200 millions aux Caisses d'épargne, 100 millions à la Caisse des dépôts. Est-ce là une situation prospère ? Pouvons-nous espérer qu'elle

sera meilleure demain quand M. Magne aura encaissé ses
429 millions de l'emprunt du 3 août 1868 ?

Devant une telle situation chacun pourrait croire que
« réduction des dépenses et économies parcimonieuses »
devraient être les mots d'ordre de nos divers secrétaires
d'État, à la guerre, aux finances, aux travaux publics.

Erreur que tout cela !

Malgré la chute des principaux instruments de la hausse
factice, créateurs de ces richesses artificielles, principaux
agents qui bâtissaient et qui démolissaient avec le concours
de M. Haussmann, et à l'envi depuis vingt années, nous
avons nommé la Compagnie immobilière et le Crédit mobilier ; malgré leur chute, M. Haussmann n'en continue
pas moins ses travaux babyloniens qui, s'ils embellissent
la capitale, grèvent le pays, en transportant, pour ces travaux de démolition dans les grandes villes, plusieurs cen-
taines de mille d'ouvriers attirés par l'appât des salaires,
et en les enlevant à la culture des champs et à l'industrie
qui périclitent de plus en plus.

C'est probablement pour cette raison que le budget
de l'agriculture, ne s'élève pas à plus de 4 millions
par an alors que la dette consolidée a été augmentée
de plus de 4 milliards engouffrés dans les guerres et les
expéditions ; que la dette départementale et communale
s'est accrue de 2 milliards sur lesquels plus de 1,500 millions ont été employés à reconstruire ; que la dette flottante de 500 millions d'il y a quinze années atteint aujour-

d'hui avec ses annexes plus de 1,500 millions et que la Rente française est tombée de 86 à 70 fr.

Quant au ministère de la guerre, il enfouit chaque année plus de 900 millions et montre ainsi qu'il ne saurait se contenter pour l'avenir de son budget de 500 millions votés pour l'entretien de ces 1,200 mille hommes qui coûtent au pays, par régiment et par suite du travail perdu, 300 millions, d'après les chiffres de M. Magnin.

C'est probablement aussi pour cette raison que l'on donne à l'instruction publique un budget moindre de 25 millions. Il résulte que malgré les besoins pressants de l'enseignement primaire qui compte dans ses rangs jusqu'à 17,000 instituteurs, l'État ne distribue à chacun d'eux qu'un traitement d'environ 700 fr. alors que chacun des 1,200,000 soldats de l'armée ne coûte pas moins de 900 fr.

En présence de cette situation que nous venons d'esquisser à grands traits, quelles réflexions pour les hommes qui ont donné jusqu'à ce jour un appui constant et aveugle aux actes du pouvoir impérial!

Combien chacun peut se convaincre qu'il est pour le moins imprudent de confier à des hommes sans indépendance et sans convictions les destinées d'un peuple!

Cependant, malgré ce sombre tableau, il faut sortir à tout prix de cette situation défavorable pour l'avenir du pays.

Il faut que la France comprenne qu'elle n'a pas fait preuve d'une très-grande perspicacité de jugement en

s'abandonnant si légèrement avec une confiance déme-
surée aux volontés d'un seul.

Il faut que tous ceux qui comprennent le danger qui
nous menace, se rappellent qu'il y a vingt ans, des
hommes dont les conseils furent repoussés, existent encore ; hommes à qui leur caractère, leur situation et leur
grande expérience donnaient le droit cependant d'être
écoutés plus qu'ils ne l'ont été.

Beaucoup ont disparu, emportés par la tourmente qui
suivit le coup d'État ; mais beaucoup aussi ont résisté,
inébranlables dans leur conviction, fermes à leur poste, at-
tendant avec confiance l'heure du grand réveil.

Ils savaient bien qu'un jour viendrait où l'engouement
cesserait. Ils se sont recueillis dans l'étude et c'est aujour-
d'hui qu'ils viennent s'offrir à nos suffrages pour sauve-
garder la liberté compromise.

Depuis vingt ans un calme effrayant a régné sur le pays,
de nombreuses fautes ont été commises, et sans nous pré-
occuper des inconvénients qui pourraient résulter pour
une famille monarchique quelconque de persévérer dans
cet état de choses, nous devons penser, avant tout, à
nous-mêmes, et chercher les moyens de remédier à une
situation que nous n'avons pas créée, mais que nous subis-
sons fatalement.

Il est donc grand temps qu'on essaye sur le pays de
nouveaux moyens d'action pour ranimer la confiance dis-
parue et rétablir l'équilibre dans les finances. Il est grand
temps que la tribune soit libre, que la presse soit affranchie

de toutes les entraves qui pesaient sur elle, que la surveillance des affaires soit remise aux mains des citoyens.

Il faut, en un mot, coûte que coûte, et malgré ses résistances, que le parti conservateur, qui sera responsable devant l'histoire de l'état d'affaiblissement dans lequel nous nous trouvons, abdique ses prétentions surannées, et remette les destinées du pays aux mains des hommes qui sont restés jusqu'à ce jour, depuis vingt ans, en dehors des affaires publiques.

Un parti qui a conduit la France à dépenser en seize ans plus de trente milliards, un parti qui a fait la guerre de Crimée, qui a obstinément cherché une catastrophe au Mexique, ne peut plus se poser, en présence de ceux qui l'avaient appelé à les représenter, comme un sauveur qui a bien mérité de la patrie.

L'heure du reste est solennelle; le peuple va bientôt venir dans ses comices pour donner de nouveau un mandat à ceux qui doivent veiller à ses intérêts. Nous savons bien que la sagesse n'éclairera pas subitement les cerveaux des réactionnaires qui hier encore conduisaient le gouvernement à l'abîme. Insatiables de faveurs et d'ambition, ils viendront de nouveau briguer les honneurs de la législature. Nous ne doutons pas que le pays, instruit par ces enseignements, saura montrer à ces individualités qu'elles ont démérité de sa confiance.

L'ignorance est encore si grande, que nous savons bien que la victoire ne nous attend pas partout. Les popu-

lations des campagnes surtout sont tellement privées de la
connaissance exacte des faits et gestes de leurs mandataires,
qu'elles ne peuvent apprécier exactement la vérité des
choses.

Cependant elles doivent connaître ce qui intéresse
si gravement l'avenir du pays; et cela leur sera facile si elles
veulent s'éclairer auprès des populations intelligentes des
villes, avec lesquelles elles sont continuellement en rap-
port ; elles sauront bien celles-ci, chaque jour aux prises
avec l'arbitraire et les mesures vexatoires de l'administration, se prononcer contre la continuation de l'état de
choses que nous avons analysé plus haut. Et ces populations devenues électeurs, quand la période électorale
sera ouverte, voteront contre les candidats officiels et conservateurs, préférant un mandataire de leur choix et libre, à un
agent qui leur serait proposé par le gouvernement.

Dès maintenant nous assistons à un combat d'avant-
garde qui semble être le prélude des prochaines élections
générales; les populations du Jura vont avoir à nommer un
député. Or, le parti démocratique a pensé qu'il fallait déjà
commencer la lutte, et un de ses champions les plus
distingués est venu s'offrir à ses concitoyens qui l'avaient
nommé en 1848 par 65,000 voix.

Cette élection nous conduit naturellement à rappeler le
mémorable amendement, que M. Grévy proposa le 7 octobre
1848 au vote de la représentation nationale.

On jugera ainsi de la valeur intellectuelle et de la capacité politique de quelques-uns de ces *anciens,* comme on les appelle aujourd'hui; et la comparaison, que l'on pourra facilement établir, avec les gouvernants actuels, ne sera pas à l'avantage de ces derniers. Tout homme impartial s'en convaincra aisément.

C'était en 1848; depuis sept mois, un spectacle imposant était donné à l'Europe entière par la France redevenue maîtresse d'elle-même. La sollicitude de ses Représentants sincères était vivement éveillée par la crainte de voir s'effondrer un état de choses si glorieux, mais qui n'avait pas encore de profondes racines dans le pays. La monarchie avait tant de fois relevé la tête que son fantôme était toujours présent à leurs yeux. Il fallait se débarrasser à tout prix de cette crainte instinctive qui consistait à redouter une nouvelle dictature, de nouveaux abus de pouvoir et le renversement de la République.

Dans ces circonstances, la fraction la plus éclairée de la Chambre proposa par l'organe de M. Grévy un amendement destiné à réduire la puissance du chef du pouvoir exécutif en le plaçant sous la dépendance de la représentation nationale.

Rien n'était plus juste et surtout rien n'était plus prévoyant.

Cet amendement était conçu en ces termes :

— « L'assemblée nationale, délègue le pouvoir exécutif

» à un citoyen qui reçoit le titre de Président du Conseil
» des Ministres.

» Le Président doit être Français, âgé de trente ans au
» moins, et n'avoir jamais perdu sa qualité de Français.

» Le Président du conseil des ministres est nommé par
» l'Assemblée nationale au scrutin secret et à la majorité
» des suffrages.

» Le Président du conseil des ministres est élu pour un
» temps illimité, il est toujours révocable. »

Deux amendements de MM. Leblond et Flocon, conçus
dans le même esprit et les mêmes sentiments, quoique
différant sur le titre à donner au chef du pouvoir
exécutif et sur sa révocabilité, furent également soumis au
vote de la Chambre.

La discussion s'engagea sur cette question dans les
séances des 6, 7 et 8 octobre 1848 avec une grande
vivacité.

De part et d'autre on sentait l'importance du sujet ; nous
ne croyons mieux faire que de reproduire un passage d'un
discours, vraiment fort remarquable, de M. F. Pyat en
faveur de l'amendement Grévy :

« M. Félix Pyat : — La séparation des pouvoirs est une
» erreur sur laquelle les meilleurs esprits se sont trompés ;
» je m'y suis trompé moi-même, parce que je confondais
» l'avenir avec le passé, la République avec la Monarchie.
» Séparer aujourd'hui les pouvoirs en donnant une autorité
» égale au Président de l'Assemblée, ce n'est pas séparer
» les pouvoirs, c'est les diviser. Sous la monarchie il y

» avait deux principes, il fallait les pondérer, l'un pro-
» cédant du droit divin, l'autre du droit populaire,
» différents d'origine, et que, par conséquent, il fallait con-
» cilier. Aujourd'hui, rien de semblable. Le peuple est
» souverain et il l'est tout seul. L'assemblée élue par lui
» peut dire comme la royauté : l'Etat c'est moi. Il y avait
» un pouvoir de fait, et un pouvoir de droit.

» Nous avons d'abord eu la monarchie absolue, qui re-
» présentait le pouvoir de fait, le roi. Plus tard, la mo-
» narchie constitutionnelle, c'est-à-dire, une transaction
» entre le droit et le fait, entre le roi et le peuple;
» aujourd'hui le peuple a repris son droit; il doit se dé-
» barrasser des langes du passé. Le peuple a repris son
» droit qu'il délègue, mais il n'a pas à le partager, il re-
» constitue l'unité. Le pouvoir législatif doit donc être pré-
» pondérant, et c'est un illogisme de poser en face un
» autre pouvoir indépendant de lui; agir autrement ce
» serait donner deux têtes au pouvoir, c'est créer un
» monstre à deux têtes, comme sous la monarchie consti-
» tutionnelle, mais avec plus de périls pour la liberté.

. . . .

. . . . Le président pourra dire à l'Assemblée : Je
» suis autant que vous tous à la fois, vous ne représentez
» que la neuf centième partie du peuple, je représente le
» peuple tout entier. Vous n'êtes les élus que d'une
» fraction minime de la nation, je suis élu par la nation
» toute entière; vous êtes nommés par la majorité relative,
» moi, par la majorité absolue.

» Je représente mieux le peuple, je suis plus souverain
» que vous. . . . .

. . . . . . » On nous cite l'exemple des États-Unis,
» mais qu'est-ce que le gouvernement des États-Unis ? Une
» république fédérale, girondine, si je puis parler ainsi;
» une nation d'alluvions, d'atterrissements, composée de
» parties hétérogènes toujours prêtes à se disjoindre. Là
» le pouvoir législatif est divisé; le danger pour l'Améri-
» que est de se dissoudre.

» Mais dans la France, qui est le pays de l'unité par
» excellence, de la République une et indivisible, le pays
» qui a repoussé les États, les deux Chambres, le Président
» tendrait à absorber tous les pouvoirs, à faire de la Répu-
» blique une monarchie. ». . . . .

Et dans la séance suivante, M. Grévy reprenant la discussion, répondait à MM. Fresneau et de Tocqueville :

— « On a dénié à l'Assemblée le droit de nommer le Pré-
» sident de la République. Comment, l'Assemblée n'a-t-elle
» pas été élue pour faire une constitution comme elle le
» jugera à propos, sans autre règle que le bien du pays ?
» On dit que le peuple s'est habitué à croire qu'il nommera
» le président de la République. Je voudrais qu'on nous
» dise comment on s'est assuré que le peuple compte en
» effet sur ce droit et tient à en user.

» J'arrive au système de la Commission. Ce système a le
» grand, l'immense danger de créer dans la République,
» un véritable pouvoir monarchique, un pouvoir plus fort
» que ne le fut jamais, que ne le pouvait être celui de

» Louis-Philippe. Oui, Messieurs, si le président n'a pas
» l'hérédité, il aura ce qui est bien plus fort en France, il
» aura la puissance que lui donnera le suffrage populaire.
» Il ne faut pas tenter les hommes. Qui vous garantit que
» ce président, fort de son appui dans le pays, fort du
» parti qu'il aura dans l'Assemblée nationale, n'abusera
» pas de son pouvoir? N'est-il pas au contraire évident
» qu'il en abusera? Et si ce président est un général vic-
» torieux, s'il descend d'une de ces familles qui ont régné
» en France, et qui n'ont pas renoncé à leurs droits.....

» — PLUSIEURS VOIX : — Elles n'ont pas de droits.

— » M. GRÉVY : — A ce qu'elles appellent leurs droits ;
» si le commerce languit, si le travail chôme, n'est-il à
» redouter que le président ne soit tenté d'abuser de son
» pouvoir pour renverser la République ? (*sensations*). Jus-
» qu'ici toutes les républiques ont péri par le despotisme,
» et vous lui préparez une forteresse dans la constitution !
» (*Mouvement.*) ». . . . .

Telles furent les considérations élevées que M. Grévy
fit entendre à la représentation nationale pour l'adoption de son amendement. Mais soit aveuglement, soit
manque de justesse d'idées, soit volontairement et avec
préméditation, l'Assemblée se laissa entraîner par l'élo-
quence trois fois fatale de M. de Lamartine, et repoussa
l'amendement de M. Grévy et ceux de ses collègues.

Le président de la République dut donc être nommé
par le peuple et en dehors de l'Assemblée nationale. Il le
fut, et quelque mois plus tard de vifs remords devaient

atteindre quelques-uns des Représentants qui ne s'étaient
pas laissé convaincre par les arguments sensés de MM. Grévy
et Pyat, et qui s'étaient joints aux conservateurs pour re-
pousser ces amendements.

Trois mois plus tard, plusieurs d'entre eux les eussent
votés avec acclamation; mais il n'était plus temps. La
République avait été frappée au cœur. En janvier 1849,
le vote de la Chambre en faveur de la proposition Rateau,
relative à la dissolution de l'Assemblée constituante avant
la discussion et le vote des lois organiques, lui donna le coup
de grâce.

Avec son esprit clairvoyant, M. Grévy avait bien senti,
lors de ces graves débats, les conséquences que les votes
de la Chambre entraîneraient avec eux; il résista de toutes
ses forces. Mais la Chambre semblait alors prise d'une sorte
de vertige qui la fit se précipiter elle-même au devant de
sa perte. Elle n'écouta pas les conseils que lui donnaient ses
meilleurs défenseurs, et par sa conduite elle livra, si du
moins elle ne vendit pas, la République, à ce groupe nais-
sant et réactionnaire qui s'était attaché dès le commen-
cement à la fortune du nouveau président de la République,
et qui savait que Louis-Napoléon, chef du pouvoir exécutif,
supportait difficilement ces défiances de la Chambre, et
l'opposition qu'on voulait lui faire.

Dans les circonstances présentes où les questions électorales peuvent seules passionner le pays, on comprendra
que nous ne nous sommes arrêtés sur ces actes passés

que pour exciter la sollicitude des masses, et leur rappeler
que le chef actuel de l'État a dit « QUE LE PAYS NE DOIT
» JAMAIS LIVRER LA SEULE GARANTIE DE SA SOUVERAINETÉ,
» ET QU'AU BOUT D'UN CERTAIN TEMPS L'OBLIGATION D'UN
» APPEL AU PEUPLE, DOIT ÊTRE CONSACRÉE DANS LES LOIS. »

(Opinion de L.-Nap. Bonaparte. -
Tome II de ses œuvres.)

Cette théorie est contradictoire avec celle du gouvernement personnel et héréditaire, qui est le pivot de notre
constitution actuelle.

Toutefois, dans la constitution qui nous régit, cet *appel au*
peuple peut se produire par le renouvellement périodique
des mandats des représentants du pays ; et nous nous lais-
serions bien convaincre pour le moment de l'identité de ces
deux moyens, si cette *garantie de la souveraineté populaire*
ne nous faisait défaut dans la plupart des centres
électoraux, par suite du zèle et des abus de l'administration officielle et préfectorale. Depuis seize ans, le pouvoir trouve sa force dans des mandataires dociles que les
électeurs ignorants et peu soucieux de leurs franchises en-
voient sur les bancs de la Chambre. Ces mandataires pro-
posés aux votes des électeurs par le pouvoir sont atteints,
par le fait seul de ce patronage, d'une maladie chronique
qui les rend semblables à leurs électeurs incapables ou sans
souci de leurs devoirs. Ils accueillent toutes les propositions du gouvernement et opinent comme des hommes-

machines. Est-ce bien là la garantie que l'auteur impérial cherchait à conserver au pays, exerçant ses droits électoraux ? Alors le pouvoir serait atteint de la même maladie que ses candidats soumis et que leurs électeurs.

Dans cette situation pénible, et que nous croyons exacte, comme il n'est pas opportun de proposer au pouvoir la mise directe à l'essai de sa théorie de l'appel au peuple, si judicieusement démontrée par le chef actuel de l'État *(tome II de ses œuvres)*, nous croyons employer utilement pour nous, pour nos concitoyens, comme pour le pouvoir lui-même, le temps que nous voulons consacrer à la chose publique, en essayant sur ces électeurs malades, qui répandent la peste dont ils sont atteints sur tous ceux qui les approchent, d'un spécifique qui ravivera leurs forces et rendra l'activité et la sollicitude à cette partie gangrenée du corps social.

Si donc ces électeurs veulent suivre notre régime, nous les engageons tout d'abord à modifier leurs habitudes, en ne subissant plus des injonctions émanées de la préfecture, et transmises par les gardes-champêtres.

Qu'ils ne s'illusionnent plus sur ces respectables organes des préfets et des maires. Qu'ils n'attachent pas plus d'importance à leurs paroles qu'aux promesses d'un candidat officiel. Puisqu'ils sont électeurs et qu'ils sont reconnus capables de faire acte de citoyens libres, qu'ils ne se laissent pas imposer un candidat choisi par un préfet, ou un ministre, puisque ce candidat serait chargé de con-

trôler les actes de ces fonctionnaires, à qui il devrait son
élection, et qu'il se garderait bien de surveiller, de crainte
de se voir retirer par la suite leur si puissant patronage.
Enfin qu'ils prennent pour leurs mandataires des citoyens
indépendants et surtout des hommes rompus à la pratique
des affaires publiques, et à la discussion des grandes
assemblées, qui sauront tenir tête aux projets belliqueux du
pouvoir, et censurer les propositions du gouvernement con-
traires à l'intérêt général. Puisque la prochaine élection du
Jura nous a fourni l'occasion de rééditer quelques pages
d'histoire contemporaine, en même temps qu'elle nous a
permis d'exciter nos concitoyens à revendiquer leur auto-
nomie dans les élections, nous ne pouvons mieux faire
que de recommander aux électeurs de ce département de
se rappeler la conduite énergique et noble que le candidat
démocratique, qui se présente à eux aujourd'hui, tint à
cette époque mémorable.

Que les électeurs du Jura n'oublient pas que c'est par
65,000 de leurs votes que fut élu M. Grévy, l'une des per-
sonnalités les plus remarquables et les plus consciencieuses
de l'époque de 1848.

En commentant brièvement ces récits d'une époque si
éloignée de nous déjà, notre but n'est pas de porter
atteinte à la situation créée par le coup d'État du 2 décembre, au milieu de laquelle nous vivons. Le chef de ce pouvoir a vécu dans ces temps; il a accompli certains actes
qui seront diversement commentés par les historiens

futurs; mais il ne saurait avec équité, vouloir être dépeint comme un Caton d'Utique. Qu'il laisse donc les critiques de bonne foi accomplir leur œuvre et qu'il produise ses pièces de son côté. Peut-être que la postérité lui donnera gain de cause. Mais, qu'il le sache bien, si l'on ne veut avoir que des panégyristes, la justice vous suscite toujours des Suétones.

Ce fut donc le prince Louis-Napoléon, actuellement Napoléon III, qui bénéficia de la faute capitale ou de la trahison accomplie dans la séance du 7 octobre. Il est curieux de rappeler que tous les anciens membres de cette assemblée qui, dans cette séance, avaient repoussé les amendements Grévy et Leblond, devinrent fort peu de temps après les plus fidèles soutiens du gouvernement impérial. En effet, en consultant la liste des votes de la Chambre, lors de cette discussion, on y remarque comme ayant voté *contre* ces amendements les noms de MM. Pierre-Napoléon Bonaparte, Napoléon Bonaparte, Louis-Napoléon Bonaparte; puis Abattucci, Baroche, Drouyn de Lhuys, Dupin, Charles Dupin, Boulay de la Meurthe, Bonjean, Boudet, Boulatignier, Casabianca, de Heckeren, Lacaze, Lacrosse, Larabit, Murat, de Mornay, Wolowski. . . . .

M. Billault, absent lors de ces votes, ne put venir ajouter sa voix à celles de cette brillante phalange.

Armand Marrast reçut le serment de l'Élu du 20 décembre 1848.

Les engagements contractés dans cette séance, comme

les promesses faites en présence de la France attentive.
méritent d'être rappelés pour l'édification des sociétés
futures.

« *Le citoyen Armand Marrast.* — Au nom du Peuple
» français :

» Attendu que le citoyen Charles-Louis-Napoléon Bona-
» parte remplit les conditions d'éligibilité, attendu qu'il a
» réuni la majorité des suffrages, l'Assemblée nationale le
» proclame président de la République française, depuis
» le présent jour 20 décembre jusqu'au second dimanche
» du mois de mai 1852.

» Aux termes du décret j'invite le citoyen président de
» la République à vouloir bien se transporter à la tribune
» pour y prêter serment.

» Je vais lire la formule du serment.

» En présence de Dieu et par devant le Peuple français,
» représenté par l'Assemblée nationale, *je jure* de rester
» fidèle à la République une et indivisible, et de remplir
» tous les devoirs que m'impose la Constitution.

» *Le citoyen président de la République.* — Je le jure.

» *Le citoyen A. Marrast.* Nous prenons Dieu à témoin
» et les hommes, de ce serment que vous avez prêté.

» *Le citoyen président de la République.* Je demande
» la parole.

» *Le citoyen A. Marrast.* Vous avez la parole. (*Marques*
» *d'assentiment.*)

» *Le citoyen président de la République.* Les affaires
» de la nation et le serment que je viens de prêter com-

» mandent ma conduite future ; mon devoir est tracé, je
» le remplirai en homme d'honneur. Je verrai des enne-
» mis de la patrie dans tous ceux qui tenteraient de chan-
» ger par des voies illégales ce que la France entière a
» établi » . . . .

Voici l'histoire!

Les suites de ce grand événement sont connues.

Il nous serait trop long et trop pénible de les rappeler
ici ; elles sont gravées dans la mémoire de tous. L'histoire
seule jugera sans faiblesse. Quant à nous qui n'avons
pas été contraints de nous incliner devant les votes suc-
cessifs de nos devanciers d'il y a vingt ans, nous pourrons
affirmer du moins que le pays eût dû garder une partie de
son pouvoir, et ne pas déléguer sa souveraineté à un chef
d'État, qui, pour être responsable d'après la constitution,
pouvait ne pas l'être dans la pratique, et se mettre ainsi
au-dessus des lois.

Nous appelons en outre l'attention de nos concitoyens
sur les conséquences que devait amener le rejet, par
l'Assemblée nationale, des propositions Grévy, Leblond,
et autres.

Que le pouvoir ne se méprenne pas. Notre intention
n'est pas de provoquer à l'excitation des citoyens contre le
gouvernement établi; c'est un exemple de la faiblesse et
des défaillances d'un pays, que nous voulons uniquement
graver dans l'esprit de nos concitoyens pour l'avenir.

Car le gouvernement dont le chef a dit, « qu'une na-
« tion ne doit jamais, pour toujours, aliéner sa souverai-

» noté, » ne peut nous interdire d'apprécier un vote populaire, et d'affirmer qu'un pays véritablement soucieux de
sa liberté, et qui aurait conscience de son intelligence et
des intérêts que les fautes ou les crimes de ses mandataires peuvent si gravement compromettre, devrait toujours se réserver une **garantie efficace pour la con-
servation de cette souveraineté**; ce qu'il n'a pas fait.

Les habitants du Jura doivent donc être fiers de savoir
que M. Grévy, qu'ils ont déjà vu à l'œuvre en 1848, et au-
quel ils ont confié deux fois de suite leur mandat, se présente de nouveau à eux pour que leurs suffrages le renvoient
une troisième fois dans la Chambre des délégués du peuple.
Ils n'oublieront pas les services que leur ancien Représentant a rendus autrefois à la cause publique, et ils lui donne-
ront encore leurs pouvoirs pour aller les représenter à la
Chambre où nul mieux que lui ne peut occuper un rang
plus distingué, grâce à la considération exceptionnelle dont
il jouit depuis vingt ans dans le monde des affaires et de la
politique, au respect et à l'estime publics dont tous ceux
qui l'ont approché l'entourent sans qu'il s'en doute ou en
tire vanité. Partout où il a passé, dans les difficiles et déli-
cates fonctions qu'il a successivement occupées sous la République, il est arrivé avec la réputation d'homme éminent,
intègre et droit, et il s'est conduit, comme nous l'avons vu
plus haut, notamment dans les débats sur l'élection présidentielle et la dissolution de l'Assemblée constituante, en citoyen qui ne comprenait pas qu'on pût faire taire ses opi-
nions et ses craintes, quel que fût le danger de les exposer.

Avec une telle droiture d'esprit et cette mâle vigueur de caractère dont il a donné des preuves évidentes, M. Grévy pourra rendre de grands services à la Chambre en même temps qu'il sera un titre de gloire pour les citoyens qui l'auront élu.

Les démocrates et les électeurs indépendants du Jura tiendront à honneur de rivaliser avec les départements de la Seine, du Rhône, de la Côte-d'Or et des Côtes-du-Nord, en possédant un député animé de l'amour du bien public et soucieux des libertés du pays.

Nous sommes donc certains que les démocrates répondront à l'appel que leur fait aujourd'hui M. Grévy. Mais nous leur demandons qu'ils ne se contentent pas seulement d'aller déposer leurs votes indépendants dans les urnes électorales au jour du scrutin.

Le parti démocratique exige plus de ses membres.

Il faut que ceux qui sont éveillés appellent les endormis, que ceux qui ont la connaissance de leurs droits excitent les timides et leur donnent un courage et une conviction indispensables pour que le triomphe de la démocratie française soit efficace et durable.

Comme on le voit, ce ne sont pas les membres actifs du parti démocratique qui font notre inquiétude; ils accompliront leurs devoirs, ceux-là, même devant les baïonnettes et en dépit des actes illégaux et arbitraires dont ils pourraient être les victimes, comme ne l'ont que trop prouvé les récents incidents de l'élection du Gard.

Les injures et les menaces d'un commissaire de police ou d'un préfet ne doivent pas nous faire peur.

Les pantalons rouges et les chassepots ne doivent pas nous faire fuir.

La Constitution nous a donné un droit, sachons nous en servir pour garantir notre liberté et nos franchises municipales.

Cedant arma togæ,

disaient les anciens. Que les crosses des fusils soient en l'air, quand le peuple vient dans ses comices!

Il faut donc que cet appel ne soit pas entendu seulement des démocrates, mais que tous les électeurs indépendants l'accueillent franchement.

L'intégrité du suffrage universel et des droits électoraux, peut seule nous préserver du despotisme fatal dont les dix-septième et dix-huitième siècles en partie ont été les victimes continuelles.

Ce ne sont pas des priviléges pour un parti, que nous réclamons, et qui ne pourraient servir qu'à lui, mais des prérogatives indispensables à l'affermissement de la liberté politique en France.

Que les électeurs indépendants du Jura se rendent donc au scrutin les 16 et 17 août avec la ferme volonté de ne nommer qu'un mandataire qui saura lutter contre les projets belliqueux du pouvoir, — car le pays veut la paix ;

Qui saura réclamer le désarmement des douze cent mille hommes, — car l'agriculture et le commerce manquent

de bras pour la culture des champs et la production indus-
trielle;

Qui saura s'opposer aux dépenses d'un gouvernement
qui ne craint pas d'escompter l'avenir, d'endetter le pays
de près de 3 milliards et de payer pour les dépenses des
armements plus de 900 millions, — car l'instruction et la
liberté souffrent de ces gouffres ouverts à l'avidité des spé-
'culateurs de tous ordres, l'instruction obtenant avec peine
un crédit de 20 millions, et la liberté étant toujours compromise par des agents trop zélés ou trop incapables;

Qui saura, en un mot, arrêter le pouvoir dans sa course
aux emprunts de plus en plus énormes et multiples, ne
servant pas à diminuer les impôts excessifs et sans cesse
augmentant, mais bien plutôt à satisfaire des ambitions trop
avides ou des services trop chèrement payés (1).

. Si M. Grévy ne remplissait pas aux yeux des électeurs indépendants ces conditions de capacité et d'énergie person-
nelle pour défendre des intérêts si sacrés et faire cesser tant
et de si nombreux abus, les habitants du Jura devraient rester
dans leurs demeures et attendre qu'ils fussent ramenés au
temps où Voltaire était obligé de prendre la défense de leurs
pères pillés, rançonnés et massacrés par les serviteurs du
roi-soleil et les religieux des monastères.

(1) Il ne sera pas sans intérêt de connaître que nous payons 50 millions
d'impôts sur les portes et fenêtres, pour couvrir la liste civile de l'Empereur,
les dotations des princes du sang et la Légion d'honneur, et 96 millions d'im-
pôt personnel et mobilier pour le service des cultes et l'entretien des églises et
des prêtres en France.

Mais alors il ne serait plus temps!

Votez donc pour M. Grévy, électeurs démocrates et indépendants, c'est la raison qui vous en conjure, car vous
ne pouvez pas laisser périr dans vos mains les conquêtes
de nos pères.

FIN

PARIS. — IMPRIMERIE VALLÉE, 15, RUE BREDA.

www.ingramcontent.com/pod-product-compliance
Lightning Source LLC
Chambersburg PA
CBHW060500210326
41520CB00015B/4035